U0185751

自
好
奇

科
学

改
变

未
来

WAS IST WAS

未来能源
让世界动起来

探索月球
神秘而强大

神奇地球
蔚蓝的家园

神秘机器人
人工智能和超级好帮手

第一辑·全10册

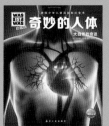
奇妙的人体
大自然的奇迹

深海之谜
生机勃勃的黑暗国度

太空之旅
深入宇宙的探险

走进热带雨林
地球的绿色宝库

第二辑·全10册

宇宙中的星体
打开探索宇宙的大门

伟大的发明
天才与灵感的杰作

神奇的火车
沿着铁轨驶向未来

沙漠之旅
细沙、绿洲和无尽的远方

第三辑·全10册

显微镜探秘
肉眼看不见的微小世界

野生动物
从未被驯服的野性

奇趣萌宠
人类的好朋友

鸟类不简单
天空中的杂技演员

第四辑·全10册

神秘的古埃及
尼罗河畔的金色帝国

印第安人
北美原住民

伟大的探险家
跟随他们的脚步，探索全世界

未来世界
一切皆在变化之中

第五辑·全10册

蛇的故事
拥有致命威胁的猎手

考古探秘
发掘历史的宝藏

马的生活
人类忠实的伙伴

舞蹈的魅力
含拍起舞

第六辑·全10册

生物质资源
植物助力引领未来
2023 NEW

石器时代
火的控制与使用
2023 NEW

第七辑·全8册

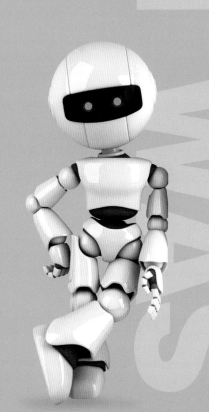

WAS IST WAS
珍藏版

太空之旅

深入宇宙的探险

[德]曼弗雷德·鲍尔 / 著　林碧清 / 译

方便区分出不同的主题！

真相
大搜查

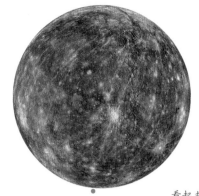

16

看起来像月亮，其实是水星——一个快速运转的高密度星球。

人类首次太空漫步：这位太空英雄刚刚走入太空，就遭遇了毕生难忘的险境。

4

18

宇宙中的绿洲：地球是一个水蓝色的星球。

太阳系中所有的行星都围绕着太阳运转。如果没有太阳的能量，整个地球将是一片冰天雪地。

14

火星漫游车在红色
星球的表面搜寻着
水与生命。

42

通往太空之路困难重重,只有像"亚利安5号"这
种强大的火箭,才能克服地心引力的束缚。

**符号箭头▶代表
内容特别有趣!**

40

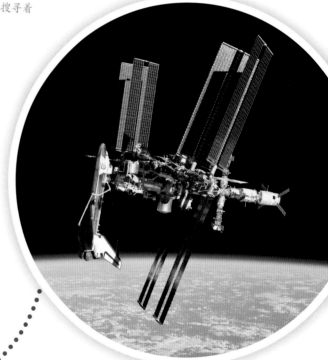

太空中的共同宿舍:6名宇航员一起住
在国际空间站ISS。

重要名词解释!

太空漫步

这件事发生于 1965 年 3 月 18 日。苏联宇航员阿列克谢·列昂诺夫挤过狭窄的气闸舱门，走进太空——这也是人类第一次漫步太空。当时，他和太空舱之间只靠一条手指粗细的安全索连结着。他穿着航天服，成为在无重力状态下飘浮在宇宙中的第一人。宇宙飞船和宇航员同时以每小时 28000 千米的高速，环绕着地球飞行。他的搭档巴维尔·别利亚耶夫则待在太空舱内，把这历史性的一刻拍摄下来。

做梦也没想到会飞上太空！我可能会死在这里。

列昂诺夫在太空里漫步的时候，穿的是一种"软质"的航天服，可以保护他在没有空气并且非常炙热的太空中活下去。出舱以前，航天服里要先灌满氧气。飘浮在太空中时，那种自由自在的幸福感只维持了很短暂的时间，因为这件航天服很快就鼓胀了起来，使得列昂诺夫手脚几乎动弹不得，只能无助地飘浮在宇宙飞船旁边。经过一番挣扎，他好不容易回到舱口，这时，他的航天服已经过热，眼前的玻璃窗口也起雾了，视线模糊。列昂诺夫挣扎于生死边缘，本来这个时候他应该用双手攀住舱口，然后先让双脚飘进气闸舱，可是手套的部分因为严重膨胀而变得僵硬，双脚也滑出了靴子。所以他试着先把头伸进去，但是根本挤不进那狭窄的舱口。就在这时，列昂诺夫心生一计，他把航天服里的一部分氧气由气阀泄漏出去。这是一个很危险的动作，因为如果航天服里的压力太低，将会使溶在血液里的氮气像气泡一样冒出来，那可就危在旦夕了。

奋力一搏

最后，他奋力由舱口挤进气闸舱，接着很艰难地把外舱门从里面关起来。在太空中经过 20 多分钟的挣扎，列昂诺夫感到精疲力尽，但总算活着回到了太空舱。这是太空旅行史上的里程碑！

狼群中的英雄

但是问题接踵而来，回程用的自动导航系统竟然失灵！这时宇航员必须手动点燃备用火箭，导致比原定时间慢了 46 秒，使得太空舱远远偏离了起初计算的降落地点。太空舱着陆在一片冰天雪地之中，四周都是凶恶的野狼。宇航员在太空舱里过了一夜，直到第二天，救援小组才滑雪过来找到了他们。列昂诺夫因此成为英雄。一度有传言说，当初列昂诺夫很担心万一出了差错，就要在外太空飘浮一辈子，回不了地球，所以他事先在头盔里暗藏了一颗毒药。

阿列克谢·列昂诺夫

这位苏联宇航员踏上太空旅途的时候，刚好 30 岁。

第一次不使用安全索的太空漫步！布鲁斯·麦坎德雷斯在距离地球表面 270 千米的高处创造了历史。

在这枚苏联邮票里，阿列克谢·列昂诺夫是一位超级英雄。关于他在外层空间所遇到的问题，大家几十年来都三缄其口。

布鲁斯·麦坎德雷斯

　　1984 年 2 月 7 日，这位美国宇航员配备着推进装置，可以在太空中随心所欲地朝四面八方飞行，也能够安全回到宇宙飞船中。

爱德华·怀特

　　1965 年 6 月 3 日，美国宇航员爱德华·怀特执行一项太空漫步的任务，他所需的氧气由一条补给管线来提供。这条管线同时也具有安全索的功能，可以防止宇航员飘走。

我们在宇宙中的位置

在万里无云的夜晚，如果你远离城市，身处美丽的乡间，向天空望去，用肉眼就可以看到许多一闪一闪亮晶晶的光点，这些几乎都是星星。这些星星也被称为恒星，因为它们在天空中的相对位置都不会改变。事实上，每一颗恒星都是一个巨大无比的"太阳"，正以不可思议的速度在宇宙中驰骋，但是因为这些星星离我们很遥远，所以我们无法察觉到它们的运动。不过，天空中还是有几个光点，它们的位置每一天都会变换，这些就是所谓的"行星"，因为它们与大部分的星星不一样，是会"游走"的。比较容易认出来的行星，有很亮的金星，以及太阳系里最大的行星——木星。

银 河

天上的星星并不是均匀分布的，有些地方稀疏，有些地方密集，看起来像一条绵延的大河。西方人称它为"the Milky Way"，即"银河"，在汉语、韩语中，则称之为"银河"、"银汉"，日语则称"天之川"。事实上，因为我们身在其中，所以是由内向外观察自己所在的星系，如果有机会从外部观察的话，我们就会看到一个浅碟子的形状，有一个很亮的中心点，从中心向外伸展出许多"旋臂"，形成螺旋状旋涡，我们的太阳系就位于其中一条旋臂上。天文学家估计，像银河系这样的星系，宇宙中至少有上千亿个，而且每一个星系又是由超过几十亿颗恒星所构成。

我们的太阳系

太阳系是地球所在的恒星系统，由太阳、行星、卫星、小行星、矮行星、彗星等天体所组成，部分行星肉眼可见，其中对我们特别重要的就是太阳。总共有 8 颗行星有规律地环绕着太阳运行，我们的地球就是其中之一，地球也是目前为止我们所知道的、唯一孕育着生命的天体。

我们的地球

在太阳系中，有比地球更大、更令人叹为观止的行星，然而地球仍是非常特别的行星。尽管与其他行星相比，地球小得多，但是地球的引力已经足够吸得住水和大气层。此外，地球不会太冷，也不会太热，它和太阳的距离刚好能使水维持液态，同时我们也不会被烤焦。地球是一颗蓝色的水行星，更是宇宙中的一块绿洲，如果没有它，就不会有人类。

仙女座星云 M31

虽然被人们称为"星云"，但是仙女座星云可不是云哦！它是一个有上兆颗星星的星系。这个星系是离我们最近的另一个螺旋星系，但是对我们来说，仍是遥不可及。就算我们有能力以光速旅行，也需要 250 多万年才能够抵达。

银 河

　　在喜马拉雅山上，空气清透，天空中的银河一览无余，毫不保留地展现出它壮丽的姿态。

知识加油站

▶ 行星的位置是会改变的，恒星看起来则在天空中有固定的位置。

▶ 行星在望远镜里看起来像个圆盘，周围往往伴有卫星或光环。恒星则只是一个光点。

▶ 太阳系的行星都不会发光，因为反射了太阳光，所以它们看起来是亮的。恒星则会自己发光。

▶ 行星并不是恒星。

太阳、
行星与小行星

冥王星

海王星

天王星

土 星

木 星

一颗奔向太阳的彗星

在浩瀚无垠的宇宙中，我们居住在太阳系；太阳系的中心是一个太阳。太阳是一个很烫并且会发光的恒星，它有很强的引力，可以抓住行星，让它们在很大的椭圆形轨道上围绕着太阳运行。太阳为我们提供源源不断的光与热。最靠近太阳的 4 颗行星比较小，也就是水星、金星、地球、火星，它们是由岩石和金属构成的；外圈的 4 颗行星明显大得多，也就是木星、土星、天王星、海王星，它们主要由气体和液体构成。直到今天，我们仍不清楚这些行星的内部是什么样子，也不知道其中的固态核心是不是具有球体的形状。以前冥王星被认为是太阳系的第九颗行星，但自从 2006 年以来，它就被划归为"矮行星"。因为天文学家证实了一件事情，那就是：在海王星之外的那一边，还有许多像冥王星这样的矮行星，以及其他岩块星体。在太阳系的最外围，冥王星也有属于它自己的许多同伴，它们共同形成了一个小行星带。

8 大行星及其直径的比较

太 阳
1392000 千米

金 星
12104 千米

火 星
6794 千米

水 星
4874 千米

地 球
12756 千米

木 星
142984 千米

土 星
120536 千米

天王星
51118 千米

海王星
49528 千米

→ 最高纪录
99.9%

太阳系里约 99.9% 的质量都集中在太阳身上，它的直径长约 1392000 千米。

一封寄给外星人的信

太空探测器"旅行者1号"自1977年发射以来，就展开了一连串探索太阳系的任务。它目前正在离开太阳系的途中，奔向更广阔的宇宙空间。探测器上有一张镀金的唱片，里面记录了地球上各种语言的问候语。到底是谁会收到这些信息呢？

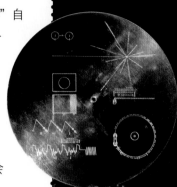

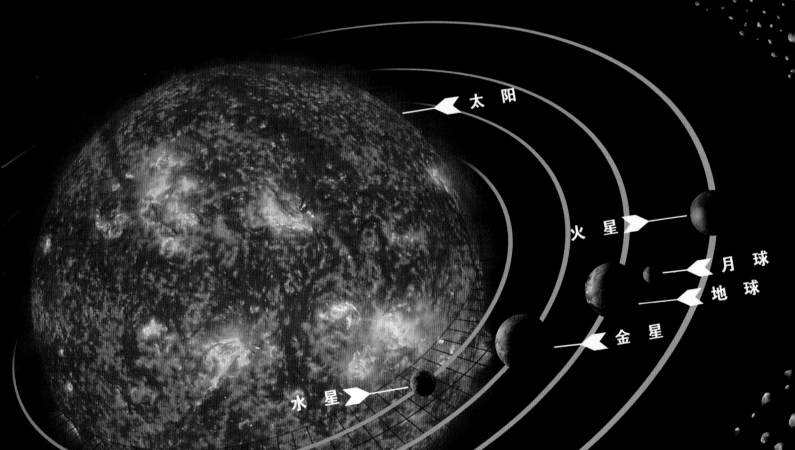

太阳

火星

月球

地球

金星

水星

小行星带

一切都始于尘埃

宇宙的诞生是一件极其重要的事情，科学家们称之为"大爆炸"。在那个难以想象的大爆炸之后，空间与时间就诞生了，也有了能量与物质。起初，宇宙是带有高能量辐射的一团混沌。这一团炙热、紧密的混沌慢慢往外扩张，同时逐渐冷却下来。后来最单纯的原子出现了，也就是氢原子、氦原子。这两种元素形成一些最原始的星球，星球内燃烧着熊熊烈火并在此过程中进一步产生了新的化学元素，例如碳、氧、硅。一旦燃烧到了尽头，这些星球就会爆炸，结束它们的生命。

太阳诞生了

燃烧后的星球留下大量的气体和尘云，它们在自身万有引力的作用下，互相吸引，渐渐紧密地凝聚在一起。就像双人花样滑冰的轴转动作一样，当我们把搭档的双手由外向内拉近身体的时候，转动的速度就会变快，这些尘云在聚集过程中也会越转越快。当物质聚集成块的时候，新一代的星体就诞生了。大约在45亿年前，我们的太阳就是这样诞生的。它把越来越多的物质往自己身上拉，进而变得越来越大、越来越重、越来越热……这颗年轻太阳内部的温度，最后升高到可以促成核反应的程度。它就这样一直燃烧到今天，为我们提供生活所需的光与热。

大的吞食小的

在年轻太阳的四周，围绕着由气体和尘埃组成的碟状旋涡。它的成分主要是较轻的气体，比如氢气、氦气，但是也含有比较重的元素，比如碳、铁。在这个碟状的旋涡里，尘埃会聚

→ **最高纪录**
138 亿岁

这是宇宙的年龄。我们的太阳系大约是45亿岁，相比之下还年轻得很！

在靠近太阳的地方，由物质硬块产生固态的石质行星。而在离太阳较远的地方，也就是比较冷的地方，则形成较大的气态行星。除此之外，在太阳系里还有小行星、尘埃以及气体——这些都是在行星诞生的一瞬间剩余下来的材料。

星球爆炸后的产物——气体和尘埃，在宇宙中聚集在一起，形成旋涡，其炙热的中心点就产生了太阳，外围则逐步诞生了各种行星。起初是较小的微行星，后来是较大的原行星，最后才是行星。

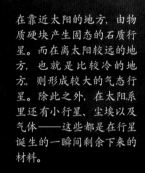

集在一起，形成岩块。它们越积越多，随着质量的增加而具有更强的吸引力，所以比较大的岩块会把比较小的吞食掉，而本来是不规则形状的岩块则慢慢被磨成圆球形。

太阳把比较轻的气体吹往太阳系的外围，产生了巨大的气态行星（木星、土星、天王星、海王星）。比较重的化学元素则留在太阳的附近，形成石质行星，地球就是其中之一。这些石质行星的核心由铁、镍等金属构成，岩石外壳则主要由硅组成。

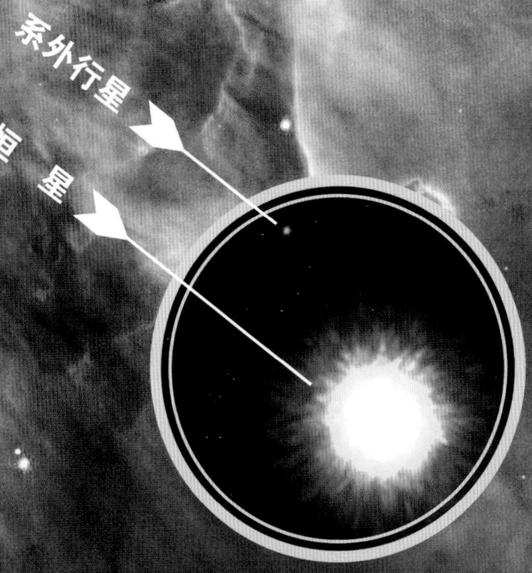

系外行星

恒 星

太阳系真的是独一无二的吗？自1995年起，我们知道了还有会绕着其他恒星运转的行星，它们就是系外行星。大部分系外行星都是以间接的方式被观察到的，只有在少数情况下可以直接拍摄到这种行星。左上角那个小光点，就是一颗有木星8倍大的系外行星。

这里有星球诞生了。"船底座星云"是位于船底座的尘云，巨大无比。

行星的轨道

由于行星诞生自一片薄薄的气体旋涡，所以它们运行的轨道也都在同一个平面上。太阳与它的行星，包括我们的地球，甚至于我们的身体，都是由星球爆炸产生的灰尘构成的！

如何研究行星？

伽利略

木星最明显的特征是它的大红斑。

最亮的行星——金星、火星、木星、土星，你能用肉眼辨认出来吗？特别清楚易见的是很亮的金星，它有时候在太阳的左边，有时候在右边，无论你称其为"暮星"还是"晨星"，其实所看到的都是同一颗行星。金星排在太阳和月亮之后，是天空中第三亮的天体。火星，你可以借助它的红色光芒进行辨认——因为火星表面是由含有铁质的岩石构成的，而红色是铁锈般的颜色。水星，由于它的位置太接近太阳，因此很难辨识出来。

▶ 你知道吗？

在天文望远镜里，木星看起来像一个盘子，就像400多年前著名天文学家伽利略所看到的那样，木星表面还有一个引人注目的大红斑。如今我们了解到，那是一个已经持续了好几个世纪的巨型风暴。伽利略还惊喜地发现了围绕木星运转的4颗卫星。

这是凯克望远镜所拍摄的天王星，它是一颗气态行星。

超级望远镜"凯克一号"和"凯克二号"，位于美国夏威夷州的凯克天文台。

遍览苍穹

多亏有了现代巨型天文望远镜，天文学家才得以遍览宇宙苍穹，甚至连只发出微弱光线的天体也一览无余。大部分天文观测站都位于高山上，比如凯克天文台，设立在美国夏威夷州的莫纳克亚山顶峰，位于 4205 米高的位置。那里气候干燥，空气清新且稀薄，也没有城市里常见的光污染。由于视野极为开阔，天文学家在这种地方得以拥有最佳的观测条件。有些天文望远镜甚至具有消除大气扰动的功能，这使得他们拍出来的天体照片极其清晰。

巨大的超级望远镜 VLT

欧洲南方天文台是由欧洲 16 个国家分摊巨额费用，共同出资建造的。这个观测站位于智利阿塔卡玛沙漠既高又干燥的地点，那里有许多望远镜，最大的一个称为 VLT，意思是"很大的望远镜"（Very Large Telescope）。它是由 4 台很大的望远镜组成的，每一台望远镜的直径都超过 8 米，天文学家甚至还可以把 4 台望远镜串连起来。

为了让它们"同心协力"地运作，必须用很复杂的光学系统，让每一台望远镜的光线层层堆叠，从而使 4 台望远镜运作起来就像 1 台单独的超级望远镜一样。

太空探测船

自 1959 年起，就有太空旅行机构陆续发射探测船到各大行星。有些探测船直接在星球表面着陆；有些则只是飞过行星及其卫星附近，从远处收集星球表面与大气层的相关数据。通过这些资料，科学家可以进一步推测这些星球的构造。这些行星距离地球十分遥远，太空探测船往往要花好几年的时间才能到达。

2004 年 8 月，美国的"德尔塔 II 型"火箭正在发射。它的任务是发射太空探测船"信使号"到水星。

知识加油站

▶ 想象一下，如果月球表面停了一辆汽车，利用 VLT（右图）在地球上观测，甚至可以分辨出左右两个车灯。VLT 可以发出一道很强的激光束，发挥导向的作用。这道激光束还可以测量大气层中的扰动，并消除这些扰动，从而使天文观察的影像更为清晰。

如何找到系外行星？

自 2009 年起，开普勒太空望远镜就开始搜寻那些绕着其他"太阳"（母星）运行的行星，也就是系外行星。其中几个行星上面甚至可能有生命。这个望远镜是以德国天文学家约翰尼斯·开普勒的名字命名的，他曾经计算出行星绕着太阳运行的轨道。系外行星通常无法直接观测到，因为母星的光线太过抢眼。但是当这个行星运行到母星前面时，也会稍稍使母星变得暗一点，就好像是一种"小日食"现象。这时，系外行星位于其母星与望远镜之间，这种位置排列可以透露出它们存在的信息。

太阳——
炙热的恒星

太阳光是在太阳的内部产生的。这些光线从核心到达表面，必须经过曲折的路径，而且要花 3 万年的时间。太阳光从太阳表面到地球，则只需要 8 分钟的时间。

➤ **你知道吗？**

太阳非常非常巨大，它的直径长约 139.2 万千米，这样的体积，可以装进超过 100 万个地球。

白天，太阳的光线亮得让人看不见其他恒星。然而太阳只是许多恒星中的一颗，它是离我们最近的恒星，距离地球"只有"1亿5000万千米。其他的恒星对我们来说，看起来只是小小的光点。所以对天文学家而言，太阳是他们唯一可以就近观察的恒星。

太阳的能量从哪里来？

氢元素、氦元素是构成太阳的主要成分。在太阳的中心，压力非常巨大，温度也高达1500万摄氏度。在这种极端的环境下，里面的原子会被"碾碎"，原子核和电子乱成一团，到处流窜，我们把这种状态称为"电浆"。电浆里的原子核获得非常高的能量，使得它们甚至可以相互融为一体，因此，由比较小的氢原子核会产生比较大的氦原子核。原子核融合的同时，会释放出巨大的能量，这些能量会以热辐射、光以及其他辐射的形式朝四面八方放射到太空中。

太阳可以燃烧多久？

太阳至今已经燃烧了约45亿年，不过它的燃料还足够再燃烧50亿年。烧完之后，太阳的外部就会变大变胖，膨胀成为"红巨星"，甚至大到会吞没地球的地步。在这之前，地球上所有海洋里的水，会因为高热而蒸发掉。但是不用担心，这件事还要等到很久很久以后才会发生。

监视太阳的一举一动

目前有一些特殊的太空探测器，正在严密地监视着太阳的动向，其中之一就是"太阳和太阳风层探测器"（简称 SOHO）。它是一个无人太空船，船上的照相机会定期拍摄太阳表面的活动。

太阳表面常见的现象是一种黑暗的斑点，称为"太阳黑子"。太阳黑子这种现象有时候会持续好几个星期才会消失，它们看起来虽小，但是通常都比地球还要大。

滚烫的气流

太阳表面有点像沸腾的海洋，不断冒出滚烫的气泡。这些气体有时候像个喷泉，向高处喷上去，然后受到太阳磁场的作用而弯曲，形成弧状，叫作"日珥"。当太阳存在晃洞时，地球附近就能观测到高速的太阳风。特别强烈的太阳风会危害到脆弱敏感的人造卫星，以及正在地球轨道上漫步的宇航员。因此，如果观察到较强的太阳表面活动，地球上也会发出"太空坏天气"的气象预报。

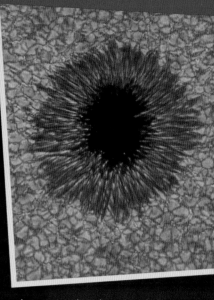

太阳黑子：太阳表面的温度高达5500℃，黑色斑点的温度则低了大约1000℃。太阳黑子出现之后，有时候只过几个小时就消失了，但是有些则过了好几个星期还看得见。

太空探测器 SOHO 持续监视着太阳表面的活动，随时把最新的资料传回地球。

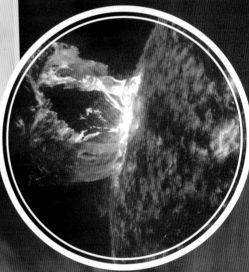

太阳表面形成的日珥，可以伸展到外层空间超过100万千米远，有时候整个形成弧形，还会向外弹射出去。

欧洲最大、最现代化的葛瑞格太阳望远镜（GREGOR），位于非洲的西班牙属地特内里费岛。它甚至能够消除大气层中的扰动，使拍摄到的照片更加清晰。

水星——千疮百孔的行星

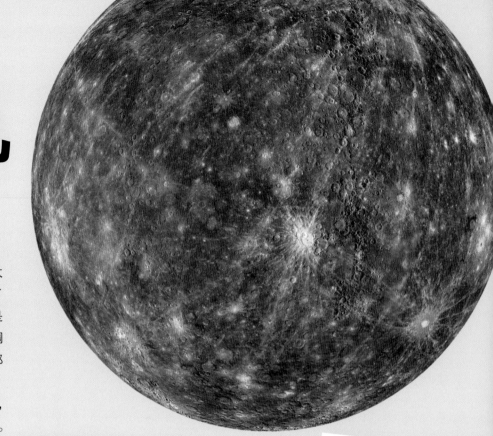

水星是八大行星中最小的，也是最接近太阳的一颗行星。白天里，它热得像火炉，到了晚上却冷冰冰的。昼夜温差之所以这么大，是因为水星既没有大气层，也没有海洋，无法调节温度。如果你可以降落在水星表面的话，那么太阳看起来比在地球上看到的大 2.5 倍。

不过在白天朝着天空望去，还是一片漆黑，这是因为水星没有大气层来散射太阳的光线。这个星球实在太小，没有足够的引力可以吸引住自己的大气层，以至于当太阳风吹过来的时候，几乎所有的气体都被吹散到太空中了。从地球上观察的话，水星看起来是一个蓝色的小星星。

➡ 你知道吗？

水星是石质行星（类地行星），和金星、地球、火星一样。由于陨石和彗星的撞击，水星表面到处都是坑洞，千疮百孔。在它的北极甚至有一个坑洞，深到连太阳光都照不进去，长年隐藏在阴暗之中，说不定里面还会结冰。

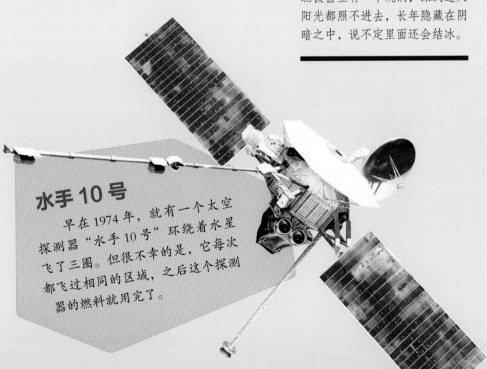

水手 10 号

早在 1974 年，就有一个太空探测器"水手 10 号"环绕着水星飞了三圈。但很不幸的是，它每次都飞过相同的区域，之后这个探测器的燃料就用完了。

在这个很小、很热的水星上面，可以说几乎没有大气层，也没有液态的水，因此星球表面坑洞的原貌就得以完整保存下来，它们不会因为受到风化作用的侵蚀而变形。

金星——
地球的孪生姐妹

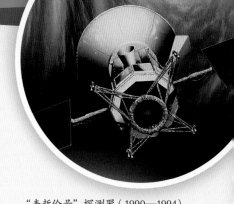

金星堪称太阳系里的"地狱之星"，充满硫酸的云层包裹着火热的表面，甚至热到连铅都会熔化。至于大气层，则是比地球还要密实100倍。如果没有保护装备的话，你在几秒钟之内就会被硫酸腐蚀掉，不然就是被熊熊的烈火烤成灰烬。

虽然说金星是地球的孪生星球，但这只是就化学元素的组成方式而言，事实上，它对生命却是极端不友善的。由于金星和太阳非常接近，所以几乎所有水分都被蒸发掉了，取而代之的，是由二氧化碳和火山排放出来的其他气体所组成的大气层，这种大气层导致灾难性的温室效应，使金星的大气层下保持着高温。

"麦哲伦号"探测器（1990—1994）的成像雷达系统，揭开了金星的真面目：它是一个"火山星球"。那里大约有5万座火山，它们都"吐"着二氧化硫、二氧化碳。或许是因为金星的岩石地壳太薄了，所以很容易就被火山里的岩浆冲破。

小心，很烫！

右图中像"烤饼"一样的物体原来是一座火山。这是金星表面很典型的火山熔岩，直径大约25千米，高度大约750米。黏稠的岩浆还没有来得及向四处流散就凝固成了岩石。在冷却的过程中，火山熔岩的表面因为收缩而形成裂纹。

→ **最高纪录**
464℃

金星表面的平均温度有这么高！这刚好是铸铅的理想温度。

这是从金星上拍摄的照片。1982年，苏联的太空探测器"金星13号"张开降落伞，着陆于金星的表面。这张照片显示，金星的表面是一片荒芜之地，到处都是砾石，还有熔岩肆虐过的痕迹。这个探测器在两个小时之后就结束了它的任务。

地球——
水蓝色的星球

72%
地球表面积的
72% 都覆盖着水。

对流层
地球的对流层大约有 10 千
米厚。晴时多云偶阵雨的各种天
气现象，就发生在这一层当中。

地球是一个充满水的星球，在我们太阳系
里，它也是目前所知的唯一一个有水的星球。
水奔流于河川，注入湖泊和浩瀚的海洋；水也
会变成雨和雪，从天上落下来。南极与北极的
冰块、高山上的冰河，都是封存了成千上万年
的"古老的水"。大气层里也含有很多的水分，
比如云。

生活在薄薄的地壳上

地球的地壳是由好几个岩石板块构成的，
这是它独一无二的特征。相对于整个地球而言，
地壳是很薄的，平均厚度只有 17 千米。当板
块互相摩擦或碰撞的时候，就会导致地震与火
山爆发。

两个板块挤压在一起时，交界处会隆起，
形成高山。通过这种方式所形成的山脉包括亚
洲的喜马拉雅山脉、南美洲的安第斯山脉，以
及欧洲的阿尔卑斯山脉。

地球为何如此与众不同？

地球和其他行星一样，绕着太阳运行，但
最重要的是，地球拥有一个最适合生物居住的
运行轨道。在这个轨道上运行，地球和太阳的
距离适中，恰好不会太冷，也不会太热，因此
地球上的水才可能维持液态。此外，地球也拥
有不大不小刚刚好的质量，使大气层可以附着
在它的上面。大气层里含有氧气，氧气是我们
的生命所不可或缺的。

还有另外一种特殊形态的氧，它在大气层
中形成臭氧层，成为保护我们免受紫外线危害
的防护罩。最后，地球还有一个磁场，可以保
护我们免受外层空间致命宇宙射线的侵袭，因
为它能够强迫这些带电的粒子转弯，绕道而行。

此外，太阳系中最大的行星——木星，也
帮着我们稳定气候。这是因为它巨大的引力，
使地球的转轴不会再继续倾斜下去。因此，地
球上才会有稳定的四季和气候带，让我们得以
安心居住在这里。

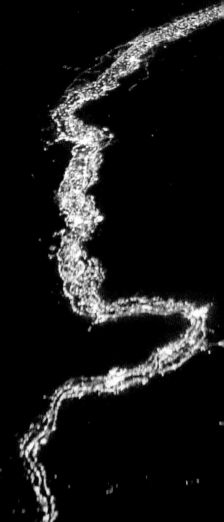

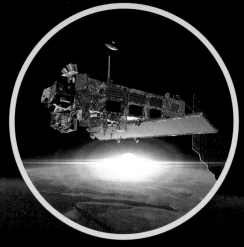

这种人造卫星可以监控各个大陆以及海洋，还有天气状况。

人口众多的大城市——开罗

埃及的大部分地方都是沙漠，不过在尼罗河岸和肥沃的尼罗河三角洲，人口非常密集。

地球的夜景

这是一个拥有文明的星球。几乎所有的地方都有人类定居，这一点可以由夜里的一片光海看得出来，通过光海还可以辨认出哪些是城市，哪里有海岸线。

小心，火山！

地球是一个充满火山的星球，但是远不如金星来得极端。在大陆板块的边缘，经常会有岩浆喷出地表。火山爆发的时候，会喷出颗粒非常细微且浓密的火山灰。在美国阿拉斯加州的阿留申群岛上，有一座克利夫兰火山，它喷发时形成的火山云甚至从外层空间都看得见。

➡ 你知道吗？

虽然说生命就是一个奇迹，但地球上之所以有生命的诞生，还得满足一些条件，那就是要有一个大气层、水、还有阳光。从单细胞的细菌，到多细胞的生物，再经过很长时间的发展，最后才渐渐出现了人类。在我们所处的太阳系里，找不到其他具有智慧的生命。不过，或许在某个遥远的"太阳系"，也正存在着另一个文明，而那文明也可能正在一个行星上，绕着自己的"太阳"运行。

月球——我们的伙伴

在我们看得见的月球表面，有许多阴暗的"月海"。它们是由凝固的熔岩所构成的。

相比地球来说，月球就显得很小了，月球是地球唯一的天然卫星。月球每个月绕行地球一周，绕行的同时，也以刚刚好同样快的速度自转，所以我们看到的永远是它的同一面。

月球是由岩石构成的，但是也有铁、铝、镁等金属元素。月球表面上看起来阴暗的区域，是比较低洼的平原地带，也称为"月海"。表面上看起来较亮的区域就是高原。由于月球没有大气层，从外层空间飞来的陨石会直接撞击到月球表面，长此以往，月球表面积满了粉尘，灰色的月球粉尘覆盖着月球表面将近 1 米厚。

月球的内部有一部分是固态，有一部分是液态。有科学家认为，月球的诞生要回溯到地球与其他天体的"大碰撞"，在那次碰撞中，地球差点就毁灭了。

留在月球上的人

一共有 12 个人曾经踏上过月球，另外还有第 13 个特殊的人，名叫尤金·舒梅克，他被埋葬在了月球上。尤金·舒梅克是一位科学家，精通各类天体表面上的岩石，他一直在教导宇航员们如何辨识各种岩块。为了完成他生平未能实现的最大梦想，他的一部分骨灰由太空探测器"月球探勘者号"带到月球表面，这是美国国家航空航天局为了表扬他对"阿波罗计划"的贡献所做的决定。直到今天，尤金·舒梅克是唯一一个埋葬在月球上的人类。

登陆月球

1969 年，"阿波罗 11 号"载着宇航员飞往月球，完成人类首次登陆月球的壮举。由于月球没有大气层，也就没有天气现象的干扰，所以宇航员留在月球表面上的鞋印在百万年后仍然会清晰可见。

阿波罗计划

到目前为止，月球是人类唯一登陆过的其他天体。美国"阿波罗计划"的宇航员曾经在月球表面散步，也收集了一些月球表面的岩石并带回到地球。

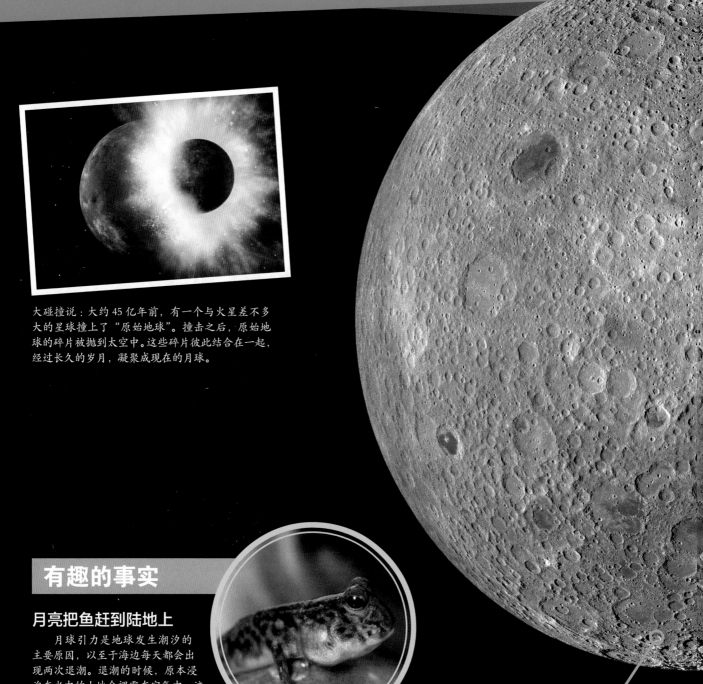

大碰撞说：大约 45 亿年前，有一个与火星差不多
大的星球撞上了"原始地球"。撞击之后，原始地
球的碎片被抛到太空中。这些碎片彼此结合在一起，
经过长久的岁月，凝聚成现在的月球。

有趣的事实

月亮把鱼赶到陆地上

　　月球引力是地球发生潮汐的
主要原因，以至于海边每天都会出
现两次退潮。退潮的时候，原本浸
泡在水中的土地会裸露在空气中，这
很可能就是亿万年前生物由海里移居
到陆上的重要原因。

　　经过世世代代的演化，这些登陆的鱼类
长出了肺，鱼鳍慢慢演变为四肢，后来它们在缺
水的干燥地带也可以行动自如，就像图片上这条弹涂鱼一样。

我们看不见的月球的另
一面，到处都是陨石撞
击留下的大小坑洞。

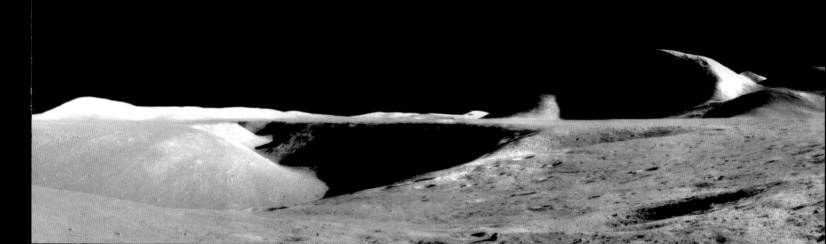

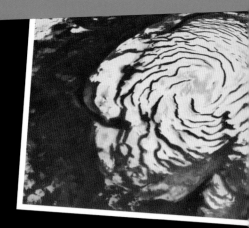

火星——
生锈的星球

火星常常被称为"红色的星球"，因为在夜空里，它会发出醒目的血红色光芒，古罗马人因此把战神的名字"Mars"给了这颗星星。如今我们已经知道，这颗星球之所以看起来是红色的，和它表面上的赤铁矿有关。

夜里冷得惊人

火星是太阳系的第四颗行星，它绕行太阳的轨道与太阳的平均距离是 2 亿 2800 万千米，这是地球与太阳距离的 1.5 倍，因此在火星上会比在地球还要冷。虽然赤道附近的夏天还是相当温暖，但是火星上的平均温度大约是零下63℃，这相当于地球南极在冬天里的气温。夜晚一到，火星上就冷得惊人。

火星的大气层比地球稀薄，仅为地球的一百分之一，里面大部分是二氧化碳。那里大气虽然稀薄，风暴却很剧烈。风暴刮起红色的尘云，有时候以很高的速度吹过整个星球，遮蔽了天文学家观察火星表面的视线。

火星上有水吗？

从许多方面看来，火星是最像地球的行星。火星的一天是 24 小时 37 分钟，只比地球上的一天长一点点。它的自转轴跟地球一样，是倾斜的，因此在火星上也有一年四季。

地球和火星的极地都戴着白色的"帽子"，不过火星的白色"帽子"要比地球的小，也比较薄，一到冬天会向外扩张，到了夏天则几乎消失不见。火星上的极地非常冷，冷到冰帽里除了水结成的冰之外，还有二氧化碳结成的冰。

在火星上，我们找不到液态的水，也就是说，那里没有河流、湖泊，也没有海。

但是有一些迹象显示，很早以前，火星曾经有一段时间比较温暖，也比较潮湿。地面上那些已经干涸的凹痕，很可能就是以前的河床，当时也许还会下雨和雪。有些科学家判断，火星的北半球以前是汪洋一片。

但是这些水都到哪里去了呢？有一部分可能消散到外层空间去了，另外一部分或许还以冰的形态存在于地底下。

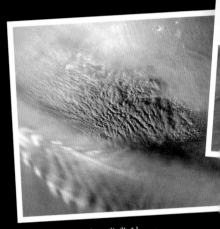

火星大气层稀薄，常常刮起沙尘暴。

火星上有生命吗？

可以确定的是，火星上没有牛、羊，也没有人，当然也没有绿色外星人。但是以前或许曾经有过一些简单的生命形态，也许直到今天，那些微生物还躲在火星的地底下。

我们所发射出去的火星探测器，正迫切地搜寻着火星表面。如果有一天，探测器突然找到了生命，那将会是"我们在这个宇宙中并不孤单"的第一个证据。

火星漫游车的移动轨迹

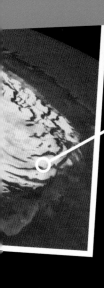

火星北极的冰

这个螺旋状的冰帽中有1000米厚的冰和尘土。科学家推测这里含有大量的水分，只是以冰的形态存在。在这个只有尘土与沙漠的干燥星球上，这是一项惊人的发现。

火星的疤痕

"水手峡谷"是非常壮观的火星表面地形。这些山谷形成的原因，很可能是火星一度膨胀使得表面裂开。这些峡谷有5000千米长，宽度大到一望无际。

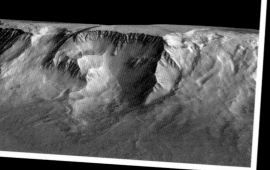

图上显示的是奥林帕斯山的一侧，这是整个太阳系里最大的火山。它的底面积比整个英国还要大，而且高度是地球最高峰——珠穆朗玛峰的3倍。

"探勘者号"是一个绕行火星轨道的太空探测器。它可以建立起火星表面的精确地图。

坚忍不屈的斗士

"勇气号"火星探测器展开它的太阳能板，正在发电。它原本预计只执行3个月的任务，然而却持续工作了6年之久。在这段时间内，它忙于采集、分析样本，以及拍摄引人入胜的全景照片。"勇气号"在2010年向地球传回了最后一个信息。

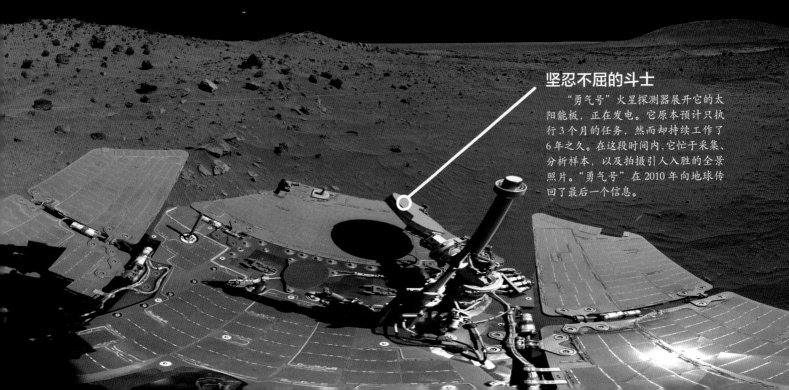

木星——
太阳系里最大的行星

望远镜里的木星，看起来就像是一个有着彩纹的巨大弹珠，但是我们看到的并不是坚硬的表面，而是木星的大气层，它主要是由氢和氦构成的。那些或深或浅的条纹，其实就是云彩，这些云彩蔓延了整个星球。地球只有一颗天然卫星，即月球，但是木星至少有67颗卫星。木星周围还有一个环，但是就算用地球上最大倍数的望远镜也看不出来，因为它既稀薄又阴暗，几乎必须在它的附近才能观察到。

➡ 最高纪录
1300 个

一个木星的体积可以装下1300个地球。木星是太阳系里最大的行星。

灯光秀：在木星的极地上空，有时候也会有极光。

到木星上度假？

你最好不要尝试登陆木星，否则后果不堪设想。首先，你必须通过大气层里浓密又狂暴的乱流，你进入得越深，压力就越大。在这个大气层中，可能含有一层液态氢，下面一层则含有高密度的金属氢。木星的核可能是石质的，相当于10~15个地球的质量。

降落过程中，有一点是可以确定的：在双脚还没有踏上木星稳固的地面之前，你就已被压扁了。

致命的辐射线

木星的磁场不仅非常强大，而且"喜怒无常"。这个磁场可以把电子加速到逼近光速。所谓电子，就是一种带有负电荷的基本粒子。如此一来，就形成一种极端强大且危

木卫一"伊奥"

它是黄色的，颜色就像由上面的火山所喷发出来的硫磺。

木星周围也围绕着一个环，它是由微小尘埃构成的，但是不太容易反射光线，因此用肉眼几乎看不见，也远不如土星环令人印象深刻。

木卫二"欧罗巴"

上面覆盖着冰层。科学家推测，它的下面可能是一片巨大的海洋。

木卫三"盖尼米德"

核心由金属和岩石构成。

木卫四"卡里斯托"

表面上看起来大部分是阴暗的冰层，只有少数区域看得出有明亮的撞击坑洞。

险的辐射线，物理学家把它称为"同步加速辐射"。

1995年，美国国家航空航天局把"伽利略号"上的一个大气探测器发射进木星大气层里。这个探测器悬吊在降落伞下，一直往下沉，坠向木星，但是它传送回地球的数据只维持了大约一个小时。最后数据显示，它所承受的压力高达地球的22倍，当时的温度高达150℃。

充满火药味的景观

这是一张3D仿真图片，它是由"伊奥"卫星观测到的木星景观。我们可以看到图中有一个正在喷发的火山口。

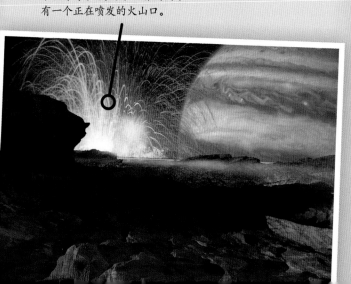

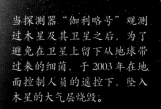

当探测器"伽利略号"观测过木星及其卫星之后，为了避免在卫星上留下从地球带过来的细菌，于2003年在地面控制人员的遥控下，坠入木星的大气层烧毁。

土星——
漂亮的光环

土星和太阳的距离，是木星到太阳的两倍。和木星一样，你最好也不要有登陆土星的念头。土星具有固态的岩石核心，外面包覆着浓密的大气层，里面含有氢、氧。土星的质量虽然是地球的 95 倍，但是由于土星非常非常大，所以密度很低，这么稀松的质地，使它甚至可以浮在水上。

没有斑点，只有美丽的环

土星和木星一样，是一种"气态巨行星"。在望远镜里，我们可以看到它黄色的大气层上有着深浅不一的云带，在那上面有旋涡与风暴，所以像木星一样，土星也不是适合人类停留的地方。但是它有一个令人赞叹的美丽环带。据科学家估计，组成环带的总共有大约 10 万个圈圈，这些圈圈原本是一些岩块、冰的微粒和尘埃，其他 3 个气态行星（木星、天王星、海王星）也都拥有环带，但是必须要很靠近才能看得见。土星至少有 62 颗卫星绕着它运行，最接近它的卫星位于环带之内。卫星与环带中的其他天体一起绕着土星飞驰，并将环带保持在固定的位置上。人们把这种卫星称为"牧羊卫星"。

几乎所有卫星飞行的方向都和土星自转的方向相同，只有土卫九"菲比"是以相反的方向绕着土星运行。科学家推测，它或许是外来的小行星，被土星的引力场捕获之后绕着它运行。

传说中的"冰月海"

至今还没有人能够证实"冰月海"的存在，它只是科学家的猜测与想象。他们认为，在卫星的表面上可能会有一种情形，那就是表面结冰，底下却有一片浩瀚的海洋，这种"冰月海"或许可以在木星的木卫二"欧罗巴"、木卫四"卡里斯托"，或土卫二"恩克拉多斯"找到。

科学家已经观察到土卫二上面有冰泉，他们还要借助太空探测器继续观察探索。或许可以派一个"凿冰机器人"降落在土卫二表面，凿穿 80 千米厚的冰层。一旦穿透冰层，到达海洋，就可以再派出"水中机器人"潜入海洋，用机器人身上的仪器继续一探究竟。

土卫二"恩克拉多斯"

表面上覆盖着冰雪，放射着白色的光芒。

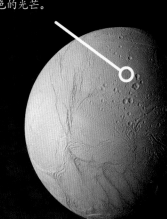

土星的卫星——土卫一"米玛斯",表面有巨大的坑洞,看起来像是一个被咬过的苹果。它过去应该与某个巨大的陨石发生过撞击。

太空探测器"卡西尼号":从来没有人可以把土星漂亮的环带拍得那么清楚。

"凿冰机器人":在冰层底下释放出一个侦察机器人,寻找生命的迹象。

太空探测器"旅行者2号"自1977年就踏上遥远的太空旅途,在飞越过木星、土星、天王星之后,1989年来到海王星。12年后再回顾,它总共飞过了70亿千米。开车要花8000年才能走完这个距离。

天王星—— 斜卧的冰之星

天王星过去一定是被某种巨大的力量推了一把,否则它的自转轴不会像现在这样,几乎是水平的。因此天王星南北两极的其中一极会直接接受太阳光的照射,赤道附近反而比较阴凉。

天王星绕行太阳一周需要84年,因此南北两极的其中一极就会连续42年都是白天,另外一极则连续是黑夜。天文学家到现在仍百思不解,为什么天王星的自转轴会倾斜得那么厉害。

天王星的卫星——天卫一"艾瑞尔",表面布满了裂痕,到处都是峡谷与坑洞。

为什么天王星是蓝绿色的?

天王星看起来是蓝绿色的,因为它的大气层中含有氢气、氦气、甲烷,其中甲烷会吸收掉红色光,把其他颜色的光反射回来。

天王星的云层中冷得出奇,大约是零下210℃,但是不像木星和土星,它的大气层里几乎没有条纹;和其他气态行星相类似的是,它也具有环带。天王星总共有27个由岩石和冰组成的卫星环绕着它运转。

天王星的卫星——天卫五"米兰达",看起来历尽沧桑。科学家推测,这颗卫星可能经历过四分五裂的命运,之后才又重组为现在的面貌。

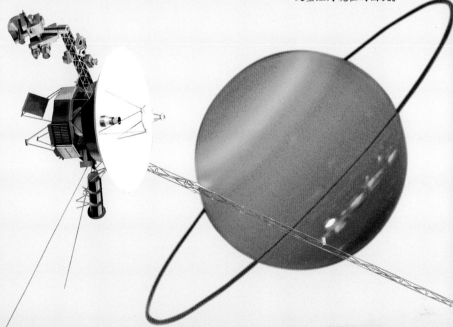

海王星——
蓝色的暴风星球

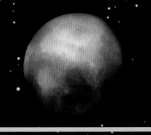

海王星是我们太阳系最外围的行星。它和天王星的大小差不多，但是不像天王星那样躺着绕行太阳，海王星的自转轴倾角约为 28 度。

海王星看起来比天王星还要蓝，因为它的大气层里含有更多的甲烷。在海王星上的一年，相当于地球的 165 年，它需要这么久的时间才会绕太阳一周。由于这颗行星是 1846 年才被发现的，所以直到 2011 年，天文学家才很完整地观察到它绕太阳一周的所有面貌。围绕着海王星运行的卫星总共有 14 个。

暴风和云海

海王星大气层的最上面有白色的云带，有时候会出现椭圆形的暴风区。在这个深蓝色的星球上，刮着难以想象的强烈暴风，风速高达每小时 2000 千米，这是地球上飓风风速的 10 倍之多。在太阳系里，再也没有其他的行星上刮着如此强劲的暴风。

海王星这个名称，来自罗马神话里的海神，英文是 Neptune。据推测，在它浓密大气层的下面，应该隐藏着一个由冰和岩石组成的核心。

"冷火山"：海王星的卫星——海卫一"崔顿"上有活跃的间歇泉，它们会由冰壳下面喷发出高达 8 千米的液态氮，以及岩石和灰尘。

➜ 你知道吗？

在过去，我们认为冥王星是太阳系里最外层的一颗行星，也是最小的一颗行星。但是后来天文学家在海王星的轨道之外，发现了更多与冥王星类似的天体。因此他们推测，这个区域内还有更多这种类型的天体。

于是科学家面临一个很麻烦的问题，因为实在不方便把这么多天体全部归为行星。这个"有很多冥王星"的区域被称为"柯伊伯带"。

到了 2006 年，天文学家共同做了一个痛苦的决定：把冥王星从太阳系行星的名单中去除，并把冥王星连同这些比较小的天体统称为"矮行星"。

知识加油站

▶ 石块在宇宙中飞驰的时候，我们称它为"流星体"。

▶ 当它飞进地球的大气层，摩擦生热、燃烧发光的时候，就称之为"流星"。

▶ 如果它在大气层中没有完全燃烧掉，剩下的部分坠落到地面上来，我们称它为"陨石"。

来自外层空间的访客！很久以前，一颗巨大的陨石坠落到沙漠里，到现在才被挖掘出来。

小行星、矮行星与行星

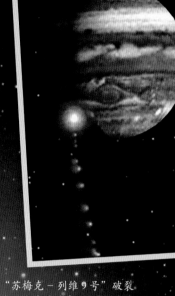

除了行星之外，我们的太阳系里还有更多较小的天体在四处游离。它们是由岩石、金属或冰构成的，有小得像尘埃的颗粒，也有像一幢房子那么大的巨石，我们把这些天体称为流星体。

每天都有难以计数的流星体向着地球俯冲，它们大部分都很小，一进到大气层，就因为摩擦生热而被烧得精光。当它们燃烧、发出亮光的时候，就是我们看到的流星。比较大块的流星在还没有烧光之前就坠落地面，这种石头特别容易在沙漠中或南极的冰层里找到，因为在原本光秃的地方比较容易辨认。我们把这种石头称为陨石。

小行星带

太阳系里除了行星以外，比较大的岩块被称为"小行星"。它们像行星一样，会反射太阳光，也会改变位置。从地球上看，它们只是微小的光点，而且大多要用望远镜才看得见。

太空探测器曾经拜访过它们，也就近拍了一些照片。小行星的成分是岩石、金属或两者的混合物。大部分小行星所运行的轨道介于火星和土星之间，这个区域被称为"小行星带"。海王星的外围还有第二个小行星带，就是所谓的"柯伊伯带"，这里的天体有的很大，大到开始呈现球状，不过还是比行星小一些，所以我们就把这样的天体称为"矮行星"。

宇宙里的流浪者

彗星是由尘埃、冰等物质构成的，当它们在轨道上运行到接近太阳的那一边时，就会开始蒸发，变成一条由气体和尘埃组成的尾巴。这种尾巴有时长达 2 亿 5000 万千米。我们通常会看到两种尾巴：一种是由尘埃构成的，它们只会反射太阳光；另一种是由发光的气体构成的，它们看起来有点像霓虹灯管。

有些彗星会定期回来造访我们，有名的"哈雷彗星"就是每 76 年环绕太阳一周的彗星，哈雷彗星经过近日点时，我们就可以看见它。这种具有周期性的彗星可能来自"欧特云带"，它包裹在我们太阳系的最外围，是一个巨大的球壳形区域，那里有多达 1 兆颗彗星，也就是 100 万乘以 100 万颗彗星。

彗星"苏梅克－列维 9 号"破裂成碎片。这些碎片在 1994 年陆续坠落到木星的大气层，引发了巨大的爆炸。那个时候，太空探测器"伽利略号"刚好正在前往木星的途中，因而拍摄到了这些惊天动地的实况照片。

你相信吗？

2005 年，日本的隼鸟小行星探测器首次完成了"降落到小行星表面"的壮举，而且还能够飞出来。科学家一直在思考，如果有体积更大的小行星，沿着将要冲撞上地球的轨道飞过来，那么我们是否有机会利用这种太空探测器，在小行星撞到地球之前及时把它引开？

一鼓作气冲上太空！

美国航天飞机的构造可以分成三大部分。航天飞机的主体挂载于一个红色的外贮箱上，外贮箱里面装满用来推动火箭引擎的液态燃料；红色外贮箱的两侧各有一个装填固态燃料的助推器。当这两个助推器里的固态燃料烧完，就会脱离红色外贮箱而掉到海里，回收之后可以再度利用。红色外贮箱要经过一段时间才会脱离航天飞机，但是由于它掉下来的时候会经过大气层，其大部分都会因为与空气摩擦而烧毁。到了轨道上，就只剩下航天飞机的主体了。结束任务之后，主体返回地球的方式，就像一架飞机滑翔下来，着陆在飞机跑道上。到了2011年，美国航天飞机项目宣告终止。

由于万有引力的作用，我们的身体被地球牢牢地吸住，不管再怎么奋力往上跳，都会被这个重力场抓回到地面。如果想要逃脱地球重力的魔咒，跳跃的速度必须非常非常快。而如果想要脱离地球的束缚、抵达月球，至少需要每秒钟 11.3 千米的速度，这相当于每小时 4 万多千米，只有火箭才能够飞得那么快。

火箭是怎么飞的？

火箭的飞行原理，有点像是正在泄气的气球。当气球泄气的时候，里面的空气向外冲了出来，同时会把整个气球往前推进。理论上，一个充了气的气球也可以在真空中按照这个原理快速飞行。火箭的引擎燃烧燃料，产生很热的气体；这些气体以非常高的速度由喷嘴向外喷射，从而推动火箭前进。

没有空气阻力

我们在路上开车的时候，由于空气和地面都有阻力，因此一路上都要踩着油门。一旦放开油门，车子就会慢下来。太阳系的每颗行星之间距离很远，途中又没有加油站，那我们怎样才能到达其他行星呢？

幸好外层空间没有空气阻力，速度不会因此而变慢，所以不必像开车那样时时刻刻都开着引擎、踩着油门，而是只要启动一下引擎，达到所需的速度就关掉，接下来宇宙飞船就会以固定的速度和方向直线飞行，因此不需要携带那么多的燃料，只有在加速、减速或改变飞行方向的时候，才会用到燃料。

欧洲的"亚利安 5 号"火箭也是一种多级火箭，其两侧的固态燃料烧完之后，会脱离主体。这个火箭的载重能力很强，位于尖端的承载空间可以容纳多达 3 颗人造卫星。

太空中的免费动力

为了节省燃料，我们有时候会故意让太空船以很接近的距离回荡过某个星球，在这个过程中，利用这个星球的重力，使宇宙飞船加速，得到新的动力，从而弹射出去。这个过程被称为重力弹弓效应或重力助推。

但是在实际操作中，太空船飞行轨道的计算相当困难，而且往往要绕一大段路，不过，这种技巧可以使太空船不需完全依赖自己随身携带的燃料，就能够在太空中飞得更远。

运载火箭

多数大型火箭使用的是液态燃料，通常是液态氢；太空中没有氧气，仅仅带着液态燃料也燃烧不起来，所以还必须携带氧化剂，最典型的氧化剂就是液态氧。

先把燃料和氧化剂这两种物质分别装在不同的燃料槽中，再用导管导引到燃烧室，二者混合后，发生剧烈的燃烧。燃烧所产生的高温气体则导入喷嘴喷出，推动火箭向前飞行。为了降低飞行中的空气阻力，火箭的前端往往设计成很尖的形状，尖端以下，有一个承载空间，可以运载宇航员、人造卫星或是太空探测器。

多级火箭

火箭携带的燃料非常重，多级火箭的设计主要是为了减轻负担。第一节火箭所装的燃料用完之后就马上抛弃，因为它们是一种负担，大多会掉入海里；飞行中的火箭则由第二节火箭接力往上推进。

知识加油站

▶ 我们过年时燃放的冲天炮没有办法射入太空，因为它们没有足够的推力，也不能持久地燃烧下去。如果想要抵达绕行地球的轨道，至少要有每小时 28440 千米的速度才行。

"农神 5 号"火箭由三节推进引擎构成

阿波罗指挥舱的推进引擎

登月小艇

第 3 节

容量 253000 升的液态氢燃料槽

容量 77200 升的液态氧燃料槽

推进引擎

容量 1020000 升的液态氢燃料槽

第 2 节

容量 331000 升的液态氧燃料槽

4 个可转向、1 个固定的推进引擎喷嘴

容量 1315000 升的液态氧燃料槽

第 1 节

容量 811000 升的高精炼煤油燃料槽

尾翅

4 个可转向、1 个固定的推进引擎喷嘴

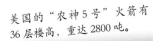

美国的"农神 5 号"火箭有 36 层楼高，重达 2800 吨。

俄罗斯的"联合号"火箭平躺着，经由铁轨运送到贝康诺太空发射场。

美国的"亚特兰蒂斯号"航天飞机在接近国际空间站（ISS）的时候，打开它背部的运载舱。

太空旅途的起点

卡纳维拉尔角
（美国佛罗里达州）

库鲁
（法属圭亚那）

贝康诺
（哈萨克）

酒泉
（中国）

达万太空中心
（印度）

种子岛宇宙中心
（日本）

圣马科发射场
（肯尼亚）

····· 赤道

倒计时

当火箭加满了燃料，所有系统检查无误，飞行程式载入完毕，总指挥官在位于距火箭12千米远的控制中心，开始最后10秒的倒计时："3、2、1，发射！"倒计时结束时燃料就被点燃。

共有4座80米高的避雷塔，可以保护火箭免于雷击。

欧洲的"亚利安5号"火箭，以及较小型的织女星号"火箭，都是在"库鲁"发射的。法属圭亚那的"辛纳马利"，还有一个为俄罗斯"联合号"火箭设置的发射平台。

就像轮船要有码头、飞机要有飞机场、火车要有铁路车站一样，发射火箭也必须在具有特殊设备的发射基地进行，这就相当于太空旅行的车站。

例如美国佛罗里达州的"卡纳维拉尔角"，这里是阿波罗登月计划以及后来航天飞机的发射基地。还有"贝康诺"太空发射站，它位于哈萨克草原，宇航员从这个俄罗斯的太空车站前往国际空间站。

在中国、日本、印度、巴西，近年来也都建造了太空车站。

欧洲的太空车站

位于法属圭亚那的欧洲太空车站"库鲁"是一个拥有最先进装备的发射基地，里面至少有3个发射平台，同时还有许多进行各种准备工作的技术厂房，这些设施都位于热带的雨林地区。

所有欧洲的"亚利安"运载火箭都是在这里发射的，超强的"亚利安5号"火箭所需的发射平台，是由原来的ELA-3扩建而成。

在园区里，有发射平台、火箭、人造卫星，还有准备与安装的厂房，以及自行生产燃料的工厂。人造卫星和每一节火箭在组装厂房里分别建造；各节火箭完工之后，放在移动式的平台上，经由轨道缓慢地移送到最后一个厂房，进行"亚利安5号"火箭的最终整合工作，这个建筑物有90米高。

亚利安1号到6号

亚利安 1 号	亚利安 2 号	亚利安 3 号	亚利安 4 号	亚利安 5 号	亚利安 6 号
47 米	49 米	49 米	58 米	55 米	
1979—1986	1986—1989	1984—1989	1988—2003	1996起	计划中

这是"亚利安"系列的运载火箭。随着"亚利安5号"火箭的诞生，欧洲自此拥有强大可靠的运载火箭。然而只有在需要同时释放两颗较大型人造卫星到轨道上的时候，发射这么强大的火箭才比较划算。筹划中的"亚利安6号"火箭规模较小，比较适合只需发射单颗卫星的任务。

亚利安5号

一项特殊的任务：将宇宙飞船成功运送到国际空间站。

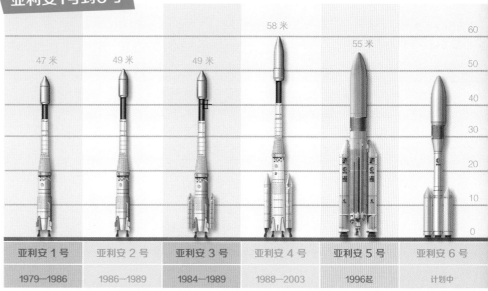

国际空间站

ATV（自动运载飞船）

（1）在法属圭亚那进行发射，接到"发射"指令后便点燃火箭推进器。（2）在这3分钟里，高压燃气迅速膨胀，向外喷出，而自动运载飞船在"亚利安5号"火箭的上方完好无损，紧接着它的保护罩会打开。（3）在飞离地面后的100分钟里，自动运载飞船会变成一个全自动的宇宙飞船，一个高精度导航系统将控制它沿正确的轨道朝国际空间站飞行。（4）同时它使用激光传感器，完成与国际空间站的精确、安全对接。（5）自动运载飞船扩展了国际空间站的可居住地。（6）这个耐压的装置能够为全体宇航员提供6.6吨的装备、燃料、生活用品、水以及氧气。（7）它也可以用来提升空间站的高度，因为随着时间的流逝，在地球引力的影响下，空间站的轨道高度会下降。（8）在6个月后，自动运载飞船便会脱离国际空间站，同时带回6.4吨垃圾。（9）它最后的任务便是在返回过程中，利用地球大气层在太平洋高空焚毁这些垃圾。

太空旅行的里程碑

1969年7月20日

在"阿波罗11号"任务中，尼尔·阿姆斯特朗成为踏上月球表面的第一人。13分钟之后，埃德温·奥尔德林也跟着走出了登月小艇。美国人捷足先登，赢得了这一回合的竞赛。

1957年10月4日

"哔……哔……哔……"苏联发射了人类第一颗绕地球运行的人造卫星。"斯普特尼克1号"是一个球形的人造卫星，直径约58厘米，上面只有一个温度计和无线电发射器，它向地面传回"哔……哔……哔……"的信号，总共持续了21天。"斯普特尼克1号"的成功发射，揭开了美国与苏联之间太空竞赛的序幕。

1958年7月29日

全力冲刺！美国为了迎头赶上苏联的太空科技成就，建立了NASA（美国国家航空航天局）。

美国国家航空航天局的标志

1963年6月16日

第一位进入太空的女性是苏联人瓦莲京娜·捷列什科娃。她由工厂的纺织工人成功转型为女宇航员。她的太空飞行持续了将近3天。

"斯普特尼克1号"

瓦莲京娜·捷列什科娃

"阿波罗11号"   **1968**

1957   **1958**   **1961**   **1963**   艾伦·谢波德   "阿波罗8号"   **1969**

莱卡

尤里·加加林

1957年11月3日

"汪！汪！汪！"流浪狗莱卡搭乘"斯普特尼克2号"飞上了太空，绕着地球飞行。它是第一只飞上太空的地球动物，不过在几小时之内，它就因为压力以及过高的温度而死亡。这件事情当时并未对外公开。

1961年4月12日

宇航员尤里·加加林搭乘"东方1号"宇宙飞船进入太空，绕行地球。这次航程从发射到回到地面，总共耗时108分钟。他因此成为"苏联的英雄"，肖像也被印制在邮票和铜币上，广受赞誉。美国人因此而感到相当懊恼。

1961年5月5日

就差那么一点！美国第一个进入太空的人，名叫艾伦·谢波德，但是他没有成功进入环绕地球的轨道。他的太空飞行只达到187千米的高度，15分钟后就返回了地球。

1968年12月24日

弗兰克·博尔曼、吉姆·洛威尔、威廉·安德斯，这3名"阿波罗8号"的宇航员是最先看到月球背面的人类。

太空快递

俄罗斯的"联合号"火箭从发射开始，一直到与国际空间站会合，以往都需要绕地球 30 圈，花上整整两天的时间。2013 年，俄罗斯刷新纪录，以一种崭新的飞行方式，只绕了地球 4 圈，而且总共花费了不到 6 小时的时间，就完成与 ISS 的无缝连接。

1973年5月14日

NASA 把一个叫作"天空实验室"的太空站发射到轨道上，这是以"农神 5 号"火箭的第三节改装而成的太空站。后来陆续来到站上的宇航员，就住在原先的液态氢燃料筒里，液态氧燃料筒则用来堆积垃圾。图中像帆船一样张开的 4 个太阳能板可以用来发电，提供所需的能量。

1981年4月12日

航天飞机"哥伦比亚号"在发射平台上蓄势待发，它的名字取自发现美洲新大陆的哥伦布。它从美国佛罗里达州的肯尼迪航天中心发射，两天之后，就像飞机一样，降落在爱德华兹空军基地的飞机跑道上。

1998年11月20日

这一天，国际空间站 ISS 的第一个组件被送上轨道，其余的组件以及站上人员则由俄罗斯的火箭以及美国的航天飞机陆续运载到站上。国际空间站计划有许多国家参与，包括美国、俄罗斯、日本、加拿大、巴西，以及欧洲国家比利时、丹麦、德国、法国、意大利、荷兰、挪威、瑞典、瑞士、西班牙、英国。

天空实验室

"哥伦比亚号"航天飞机

国际空间站 ISS 动工一年后的外貌

俄罗斯的"联合号"火箭在贝康诺太空基地发射升空。

1971 **1973** **1975** **1981** **1984** **1998** **2004** **2013**

布鲁斯·麦克坎德雷斯

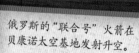

"礼炮 1 号"空间站

1971年4月19日

苏联把"礼炮 1 号"空间站送上轨道，这是全世界第一个太空站。这个太空站环绕着地球飞行，10 月时掉入大气层中烧毁。

美苏太空相会

1975年7月17日

握手言欢。在太空中，美国的"阿波罗号"与苏联的"联合号"宇宙飞船互相泊靠在一起。飞船上的宇航员彼此交换礼物，共同用餐，一起进行科学实验。

1984年2月7日

美国人布鲁斯·麦克坎德雷斯是第一个没有使用安全绳索飘浮在太空中的宇航员。

"太空飞船 1 号"

2004年6月21日

"太空飞船 1 号"是世界上第一架私人太空飞船，这架太空飞船正冲向太空的边缘。虽然在技术上相当困难，但它还是在飞行员手动操作的情况下飞到了 109 千米的高度。距离地球表面 100 千米的地方，就是官方认定的太空边界，按照这个定义，操作这架太空飞船的飞行员也可以说是一名宇航员了。

世界上最昂贵的衣服

一件航天服的价格大约是1000万美元,它不仅是炫目的太空服装,甚至相当于一架"单人宇宙飞船"。

航天服可以维持宇航员的生存环境,提供充分的氧气,还可以抵御细小的陨石。如果没有穿航天服,宇航员一旦离开座舱,就会在15秒钟之内不省人事,而且全身的血液会开始冻结。

有了航天服,宇航员可以抵抗非常极端的环境温度,也就是由零下150℃到120℃。美国国家航空航天局的航天服里含有纯氧,气压大约是地球表面大气压力的三分之一。

头盔

头盔的玻璃窗口镀金,这是为了防止刺眼的太阳光伤害眼睛,妨碍视线。

对讲机

头盔里有麦克风。宇航员彼此之间,以及与地面控制中心之间的联系,都是通过无线电波实现的。由于中转到地面需要从太空中持到的时间,所以,宇航员在与地面控制中心对话时都会稍微停顿一下。

视觉辅助

头盔的两侧都有摄影机和照明灯。

仪表板

位于胸前的仪表板,负责监控宇航员所需的能量及维生系统,并确保宇航员与太空伴及地面控制中心之间保持顺畅的通信。

气密的外套

航天服是由很多层材质构成的,由于它暴露在气压很低的环境下,因此会膨胀。为了让太空服里面的宇航员还能够自由行动,在关节的部分都做设计有特殊的转动机制。

航天服的最外层是由特别耐热且不容易破裂的特殊材料制成的。

未来的太空时尚

这一套服装，第一眼看上去好像是超人穿的。在"阿波罗号"宇宙飞船时代，宇航员穿的是笨重且不利于行动的航天服。现在这种研发中的"生物装"具有更舒适、更轻便、更富有弹性的优点。第一批探索火星的宇航员所穿的航天服，很可能会是像这样的服装。

维生系统

宇航员的背部背着所有维持生命所需的东西：电池、冷却航天服所需的水、呼吸所需的氧气以及一种化学物质，用来转换呼出的二氧化碳。另外，还有一部通信用的无线电发射器和天线。

手套

指尖部分有防滑的橡胶，有利于宇航员工作。

内衣

在外衣下，宇航员穿的是紧身的橡胶外套，再往肉一层是一种很特别的水冷式内衣，里面装了小神水流，可以产生热。

扣环

宇航员戴着手套时，仍然可以使用这个大型的扣环。在太空中漫步时，可以将扣环扣住舱体，以免飘走。

航天服的起源

这究竟是骑士的盔甲，还是航天服呢？

这是飞行员在 1934 年创造飞行高度纪录时所使用的抗压服。飞行员威利·波斯特就是穿着这套服装，想要飞到更高的地方。

世界顶级的优秀人才

宇航员并不是超人，他们只是与我们一样的正常人。成为宇航员是可以学习的，无论是在中国、美国、俄罗斯或欧洲都一样。欧洲航天局（ESA）随时都在进行宇航员培训课程，然而在数以千计的竞争者当中，只有少数最优秀的人才能脱颖而出，成为真正的宇航员。

想要成为宇航员，必须具备哪些条件与能力？

▶ 你必须很聪明，读过科技、医学或自然科学等相关学科。有许多宇航员也会事先拿到飞行员执照。

▶ 欧洲航天局的宇航员来自欧洲许多不同的国家，他们同时也必须与美国、俄罗斯、日本等国家的宇航员一起执行任务。无论如何，他们都要会讲英语，最好也可以讲一点俄语，要对语言学习很感兴趣。

▶ 太空飞行紧张刺激，是体力负担很大的工作，但是这对你而言一点都不成问题，因为你身体健壮，也喜欢运动，但也不须是顶尖的运动选手。

▶ 宇宙飞船或太空站的空间非常狭小，在生活起居上无法提供完整的隐私空间，你吃饭、睡觉、工作都要和同事相处在一起。这当然意味着，你要善于与人相处。

看过这些条件后，你仍然想成为宇航员吗？如果是，你就有机会成为那极少数人之中的一员，可以在太空舱内绕着地球飞行，偶尔到太空舱外漫步一下，甚至有一天飞到火星上去，近距离感受那颗红色的星球。

训练宇航员

宇航员的培养过程需要许多年，在这期间，你必须通过很多基础学科与训练课程。如果你被分派参与执行特定的太空飞行任务，那就会启动一连串非常紧凑的特别准备工作。这时，你要熟悉这次飞行任务的每一个阶段与细节，包括意外事故的模拟，以及危机的排除等。经过周密的训练之后，真正的飞行任务就会简单顺手得像"游戏"一般。预祝你执行任务愉快、顺利！

危急状况的演练：宇航员穿戴特殊的装备，在水中进行等待救援的演练。

有趣的事实

宇航员在各国的不同说法：

Astronaut（星际飞航员）
 美国

Cosmonaut（宇宙飞航员）
俄罗斯

宇航员或航天员
 中国

Spationaut（太空飞航员）
法国

Vyomanaut（太空飞航员）
 印度

飞行模拟

在国际空间站，如果发生了紧急事故，有一艘俄罗斯的"联盟号"宇宙飞船随时待命，可以作为逃生舱。然而宇航员必须预先进行无数次的演练；演练时所用的是一艘模拟的"联盟号"宇宙飞船，舱内配备了与原型"联盟号"一模一样的仪表板。

水下训练

利用水中的浮力，来模拟无重力状态。宇航员在水下演练维修及安装任务，可以使他们习惯无重力状态下的工作环境。为了使宇航员的体验更加逼真，水下还设置了与太空站里同样大小的设备。各种零部件则利用气球的浮力，模拟在无重力状态下飘浮的实况。旁边有潜水员监控整个训练过程，在必要时才出手解决问题。另一个潜水员正在用水下摄影机拍下训练过程。

抛物线飞行。飞机沿着特殊的曲线飞行，也可以使宇航员短暂体验无重力的环境。飞机首先陡峭地爬升到一定的高度，然后沿着特殊路径往下坠落。这时机上的宇航员成为抛物线上的自由落体，大约有 25 秒钟处于无重力状态，因此飞机内部的舱壁必须装设软质的衬垫，以防撞伤。这样的训练会使大多数人觉得反胃想吐，因此这种飞机有个绰号叫"呕吐轰炸机"或"呕吐彗星"。

太空站上的一天

舱外的太空漫步。舱外的活动非常紧张刺激，要穿好航天服，还需要其他宇航员的帮忙，而每一个步骤、每一个小动作，在地球上都演练过无数次。太空漫步是非常艰苦的工作，通常是为了维修或安装国际空间站上的某些部件。

在地球表面上，一天有 24 小时，一天之内只有一次日出及日落。但是在国际空间站（简称 ISS）上，24 小时之内，会经历 15 次或 16 次的日出及日落，因为太空站以每小时 27000 千米的速度，绕着地球高速飞行。

可是宇航员已经习惯了每天 24 小时的作息时间，因此在太空站上也遵循这个生理规律，每天都与地面控制中心分秒不差地同步作息。

晨起的闹钟

由于太空站上是无重力状态，所以宇航员每天一大早是"飘着"起床的。床是固定在墙壁上的睡袋，以免睡梦中的宇航员在太空站里到处乱飘。

睡觉的地点有通风设备，否则宇航员会不知不觉被包覆在一团自己呼出去的废气云里。宇航员在废气里会缺氧，导致严重的头痛，因此需要通风设施不断输送新鲜的空气，代价则是不绝于耳的杂音。

回忆起太空站里的生活，有几位宇航员说，那有点像是在一个巨大的吸尘器里工作、睡觉，有些宇航员不得不戴上耳塞。

穿衣、洗脸、刷牙

起床后，站上的组员就要穿上衣服，这在无重力状态下并不是一件轻松的事情。宇航员穿的是用过即丢的衣服，三天换一次。他们只用湿毛巾盥洗，因为太空站上不会有流动的自来水。不要忘了刷牙！刷过之后，牙膏不可以吐出来，而是吞到肚子里去。

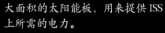

大面积的太阳能板，用来提供 ISS 上所需的电力。

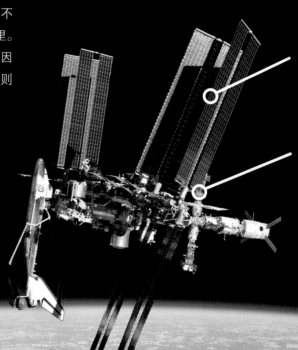

ISS

左图里的 ISS 看起来虽然很小，但是实际上它大概有一个足球场那么大！左边有一架航天飞机正泊靠在站边，刚从地面飞过来的宇航员就是由这里进入太空站的。

紧凑的工作班表

早餐之后就要开始工作了，首先要与地面控制中心敲定工作时间表。宇航员会监控仪器设备，做一些科学实验，或者在站上执行一些例行工作，例如常规性维护氧气及水的供应设备。

新鲜的水如果总是需要从地球送到太空站上，实在过于昂贵，因此就要从宇航员的尿液及太空站的空气里回收水分，过滤清洁之后再度利用。

宇航员所呼出的二氧化碳是以化学反应的方法移除的。马桶里面的固态排泄物当然不能够回收，而是集中储存起来。

世界上最贵的厕所

太空站上的厕所是世界上最昂贵的。使用太空厕所需要一些练习，宇航员必须把自己绑在马桶上，以免飞走。马桶的运作原理类似吸尘器，会把固态及液态的排泄物吸掉，工程师在这方面真是煞费苦心。

这个世界上最贵的马桶是不冲水的。

在太空站上，使用跑步机时要把身体绑住。运动在太空里也很重要。

来自地球的问候！新鲜的水果与信件，都是由太空补给船千里迢迢送上来的。

太空里的用餐时间。食物的碎屑不可以到处乱撒！小心会飞进敏感的仪器设备里。

2001年，国际空间站上有了一把吉他。在工作之余的闲暇时刻，加拿大宇航员克里斯·哈德菲尔弹着吉他唱歌，让自己和同事们感到愉快。

日常运动

在无重力状态下，身体所花的力气比在地球上来得少，有些肌肉根本用不到。长时间生活在太空中，肌肉和骨骼会萎缩退化，因此宇航员每天都必须做几个小时的运动，不过他们在运动时也必须把自己牢牢地绑在运动器材上面。

太空中的休闲时间

太空站上午餐、晚餐的休息时间也被规划得分秒不差。出现在电视节目中也是宇航员的工作项目之一，他们要在太空中接受地球上的访问，回答记者各式各样的问题。

上床睡觉之前，才是宇航员的休闲时间，他们会给家人写电子邮件或听听音乐。他们特别喜欢做的事情，就是从太空站上往下眺望地球，拍一些照片。

休息时间到了，躺进睡袋吧！

火星之旅

火星是一个坚硬的岩石星球。送往火星的太空探测器已经超过 50 个，但是其中不乏失败的例子：有些探测器错过了火星，有些则是撞了个粉碎，还有一些完全失去联系。不过仍然有探测器成功进入环绕火星的轨道，甚至还发射登陆艇着陆。

寻找水与生命

近年来的火星任务，甚至把漫游车送到了火星表面。漫游车是可以自主活动的车辆，行驶于火星表面，可以拍照、分析大气层和土壤中的化学成分，最后将所得的数据传回地球的控制中心。

太空探测器结构比较简单，而且无需返回地球，这使得无人的火星任务比载人的火星任务成本更低。火星漫游车的任务在于解答一些重要的问题，例如：火星在过去是不是潮湿的、表面是否曾经有过海洋和河流？事实上，漫游车真的发现了沉积岩，这意味着火星上曾经存在过流水。

火星上的有些石头看起来有点像是我们河边的鹅卵石，火星侦察轨道器甚至在火星的北极发现了冰。火星侦察轨道器也是一种太空探测器，它不着陆，而是在轨道上绕着火星飞行。

有些太空探测器只是飞过一颗行星就近观测，有些则是进入环绕这颗行星的轨道运行，例如欧洲的太空探测器"火星快车号"就是环绕着火星飞行。它一边飞行，一边拍摄火星表面。它最近的观测距离是 300 千米。

漫游车必须具备自己找路的能力，这需要顶端的导航相机帮忙。它定期把照片传回地球，包括火星表面的全景照片。

火星漫游车

自 2004 年以来，结构类似的漫游车"勇气号"与"机遇号"就在火星表面探勘，它们都是 174 千克重、1.06 米长。

这是用来与地球通信的设备。

太阳能板反复地为漫游车上的电池充满电力。

这是一个可以转动的机械手臂。上面有显微摄影机、分析仪器、一把用来清洁岩石标本的刷子，以及一个钻头，钻头可以钻进火星的岩石一探究竟。

漫游车的每一个轮子都可以伸缩自如、独立摆动。

着陆的最后一个阶段：带有喷射引擎的"天空起重机"，把火星漫游车"好奇号"缓缓地放到火星表面。

着陆之后，"好奇号"先研究周围的环境，稍后才踏上漫游的旅程。"好奇号"以每小时150米的速度移动，这个速度对它而言不算太慢。

"机遇号"漫游车正在仔细勘探火星的表面。它会发现水吗？

"火星大气与挥发物演化"（Maven）探测器于2013年11月发射，自2014年起执行研究火星大气层的任务。探测器上还带着来自地球的诗句，那些诗句是由大家票选出来的英语俳句。

显微照片：真的是火星上的细菌在这块石头上留下的生命痕迹吗？

无尘室里的技术人员正在制作"火星探路者"漫游车。为了防止衣服上的纤维落到漫游车上，工作人员都要穿上防护外衣。

细菌化石

这颗火星岩石目前不在火星上，而是在我们地球上。它是在地球的南极被发现的，据说是来自火星的陨石。1996年有科学家宣称，从这颗岩石的显微结构可以看出细菌化石的迹象。这个主张掀起一阵狂热的争议，也带动了研究火星的热潮。

有生命的迹象吗？

至今还没有一个探测器把火星表面的岩石带回来过，太空探测器在现场就着手进行研究、分析。"勇气号"上就有显微摄影机，可以仔细地侦测火星表面的岩石。这些探测器在旅途中也发现了火山的熔岩，以及由外层空间落到火星表面的铁质陨石。此外，它们还发现了沉积岩，这很可能是远古时代的流水所造成的。

水是所有生命发展的先决条件，所以科学家一直想知道，会不会有一些自古就存在的简单生命形态，至今还留存在火星地下？如果现在的火星再也没有任何生命存在，那么以前又是什么样子的呢？

殖民火星 的梦想

到目前为止，人类只到达过一个地球以外的天体，那就是月球，因为它只有大约380000千米远。这段路程，"阿波罗计划"的宇航员来回一趟只需要一个星期，但却仍然需要一笔巨额的资金。参与过"阿波罗计划"的工作人员总共有40万人，"阿波罗计划"是世界航天史上具有划时代意义的一项成就。

如果想要把人类送到更远的火星，不知道要花多少钱，但无论如何，所有行星当中最容易抵达、也最容易在其表面生存的就是火星了，所以人类的下一个目标就是火星。不过宇航员往返火星一趟，需要两年多的时间。

前往火星的昂贵船票

"阿波罗计划"曾经把12名宇航员送到月球表面，在当时花费了250亿美金。火星旅程究竟需要多少费用，没有人能说出确切的数字。据估计，可能至少需要5000亿美元。

吃、喝、呼吸

无论如何，宇航员都需要带着足够的食物、水和氧气。飞行途中，飞船上的人可以依靠罐装的宇航员食物维生；至于水，可以从宇航员呼出的空气及尿液里回收；氧气则可以借助分解水分子的方式得到。

一旦抵达火星表面，这些宇航员很可能要老实地当起园丁来，建造特殊的培养室，栽种蔬菜，自给自足。

一家人带着孩子外出散步……这是描绘人类未来景象的一幅画吗？

火星殖民地上的人类，也可以从事采矿工作。

发掘土地资源，老实务农。火星上的大气层非常稀薄，为了避免宇宙射线的侵袭，宇航员必须建造地下的住所，在培养植物的特殊建筑物里种植蔬菜和水果。

像这样的车辆，可以协助宇航员探勘火星表面。

 你知道吗？

前往火星的"发射窗口"每 26 个月才会开一次，因为只有在火星距离地球最近的时候才适合发射。基于同样的理由，由火星返回地球的"天窗"也是每 26 个月才打开一次。

星际旅行

直到今天，载人的火星任务还有一些尚未解决的问题。我们在地球上拥有浓密的大气层，里面有充足的氧气可以供人类呼吸，但是火星没有这种大气层。地球的大气层还可以保护我们免于陨石的袭击，因为陨石一进入大气层就会烧毁，极少数陨石会抵达地球表面。

在太空中或火星表面，情况很不一样，就算是一颗小小的石头，也可能造成重大伤亡，因为它们可以击穿宇宙飞船的外壁。特别危险的还有虽然看不见、但是能量超强的宇宙射线。太阳持续不断地把带电粒子吹向四面八方，有些太阳表面的爆发活动，对宇航员来说甚至会导致生命危险。

我们生活在地球表面真是幸福，因为这里还有一个保护我们的磁场，可以让那些辐射线绕道而行。要实现去火星旅行的梦想，的确还有很多问题要解决。

生活在狭小的空间

在漫长的旅途中，宇航员们必须在相当狭小的空间里共同相处。在飞船上只有一些例行工作可做，所以枯燥乏味的生活也是一个很大的问题。宇航员之间或许会因为关系紧张而争吵，但是在前往火星的旅途上，是不能因为心情不好就"出去散散步"的。

想要成为第一批造访火星的人，要有心理准备，必须通过一连串很特别的心理学测验的筛选。在一项名为"火星-500"的试验中，有6 名来自各国的志愿工作者，在俄罗斯莫斯科附近进行"前往火星"的模拟演练。

由于火星的距离相当远，宇宙飞船与地球表面控制中心之间的无线电通信受到严重的限制，一旦遭遇什么困难，从提出问题到得到答案要等半个小时。在这段时间内宇航员只能靠自己。

外星球 访谈录

记者不辞辛劳来到太阳系的最里面采访水星！防晒油一罐接着一罐地擦到身上！可惜水星很忙，回答了几个问题就急着要走！记者只好转往冥王星，就是那一颗再也不是行星的星球。现在它只是一颗矮行星，不知道它对于这突如其来的改变有什么感受？为此记者来到太阳系的最外侧做采访，那里真是冷得让人牙齿打颤！

姓名：水星
个性：热情、敏捷、躁动
喜好：高速度运动、收集陨石、
　　　　日光浴

你好，我想你就是……？

我是水星，诸神的信使。情报、信件、电报、统统归我管，由妈祖到天公，看我来去匆匆。注意到了吗？我有押韵哦！

你是否想拥有一个大气层，以及在地壳上活动的生命？

大气层？生命？嗯……那只会徒增困扰，不信的话，去问问地球，看它对生命有什么看法。那些号称"智人"的哺乳动物，弄得地壳到处都痒痒的，还制造了一些气候上的问题。

一开始，你会觉得有些东西在那里跑来跑去还很不错，而且据说他们还会思考。但是你最终会发现这才是问题所在，那些具有智慧的生命常常让人很意外！嗯，很意外！

你对于想到这里来玩的人，有什么建议吗？

太阳镜和很好的鞋子，答案很明显！要不然鞋底马上就会烧成灰烬。中午会热到430℃，我就是一颗这么热的星球！

你身手相当敏捷吧？

干这行的，动作的确要很敏捷。飞呀，飞呀，呼啸而过，我是所有行星当中飞行速度最快的。天啊，还真是热。不过当然啦，我最靠近太阳啦！

你身上的疤痕真不少……

因为总是有东西打到我身上啊！大块的岩石、小块的石头，四周都是满天飞的垃圾。

你身边的"月亮"怎么了？

你是说那种在耳朵旁边飞来飞去，很烦人的小东西吗？我有太多事情要做，实在没办法再去管关于月亮的事情。

在地球的夜空里要怎样才能找到你？

你如果总是要在太阳的附近找，这其实并不容易。我们能不能就此打住？我实在是必须要赶路了。作为一名信使，你知道吗……那些神明喜怒无常的脾气，你是很难了解的。

姓名：冥王星

个性：很酷——冷冰冰、无趣

喜好：和卫星一起玩

啊哈，冥王星，终于见到你了。来你这里一趟真不容易，真是千里迢迢！

没错，是有点远。有些人认为我这里鸟不语、花不香，是一个冰冷无情的地方，事实上，这也是品味上的问题。我向来就喜欢有点阴森的地方，觉得这样比较凉爽。

你在这么外围的地方，不觉得有点孤单吗？

哎！怎么会呢？我有好几个卫星陪着我：那个大的是冥河摆渡人"卡戎"，还有黑夜女神"尼克斯"，不过这个要小得多。还有九头蛇"海卓拉"。除此之外还有更小的：多头看门狗"科伯罗司"和冥河女神司"斯蒂克斯"。其他还有鸟神星、阋神星、妊神星，再加上整个"柯伊伯带"。其实这里还挺热闹的！看你满脸诧异，这些名字都是地球人取的。他们让我当上冥界之王，就把冥界这些人物的名字也给了我的伙伴们。

你以前是行星，现在突然又不是了，会不会有点伤感，觉得自己是二等星球？

我就知道会有这个问题，你们怎么每次都问啊？大家在一起本来好好的，然后突然又翻脸不认人。矮行星！那算什么啊！真让人生气！想当初小朋友朗朗上口的九大行星口诀，都有我的份！现在什么都不是了！

真的很遗憾。现在的小孩子还知道你是谁吗？

有的孩子认为我是漫画里的一条狗。其实，我的名字是以冥界之王命名的，是漫画狗盗用我的名字。真正的事实是这样才对！你有机会一定要跟他们讲一下！

对对对，我还记得：My Very Educated Mother Just Served Us Nine Pizzapies。

没错！这一句话里每个单词的首字母，刚好就是过去太阳系从内到外九大行星名字的首字母。M 是水星 Mercury，V 是金星 Venus，如此类推，接下来是地球 Earth、火星 Mars、木星 Jupiter、土星 Saturn、天王星 Uranus、海王星 Neptune，然后最后就是我的 P，冥王星 Pluto！我是第九个。我看现在改成这样好了：My Very Educated Mother Just Served Us NOTHING。没有了冥王星的 P，就什么都没有了！

这我一定会转达的。那么，祝你的运行一切美好顺利！

……记得告诉他们，寄几张漂亮的照片给我，我会好好摆几个姿势的！

名词解释

宇航员：乘坐航天器进入太空飞行的人，在各国有不同的称呼。

航天员：即宇航员。

天文学家：专门研究天体及其运行规律的科学家。他们最重要的仪器是望远镜。

大气层：一种包裹在恒星、行星或卫星表面的气体层，由于重力的吸引附着在星球外部。

类地行星：距离太阳最近的 4 颗行星（水星、金星、地球、火星），它们结构相似，都是由金属核心和岩石外壳组成。

ESA：欧洲航天局，European Space Agency 的缩写。

太阳系外行星：泛指在太阳系以外的行星。

星系：难以计数的恒星、气体、尘埃等的集合，它们在万有引力的作用下聚集在一起。我们太阳系所在的星系是银河系。

万有引力：任何两个有质量的物体都会相互吸引，这种吸引力被称为万有引力。太阳与它的每颗行星都会相互吸引，使行星在固定的轨道上绕太阳运行。

彗星：比较小的天体，由冰、岩石和尘埃构成，分为彗核、彗发、彗尾三部分。

陨石坑：行星、卫星、小行星或其他天体表面通过陨石撞击而形成的环形的凹坑。

柯伊伯带：太阳系在海王星轨道（距离太阳约 30 天文单位）外黄道面附近、天体密集的中空圆盘状区域。

（月球、火星表面上的）海：地势低平、颜色深暗的广阔平原地区。

流星：当流星体飞进地球的大气层，摩擦生热、燃烧发光的时候，被称为流星。

陨石：流星在大气层中没有燃尽，剩下的部分掉落到地面上，被称为陨石。

卫星：围绕着行星或矮行星进行周期性运行的天体。

NASA：美国国家航空航天局，National Aeronautics and Space Administration 的缩写。

轨道：在万有引力的作用下，一个物体（宇宙飞船或人造卫星）周而复始地环绕另一个天体（例如地球或土星）运行时的轨迹。轨道有时很接近圆形，但通常是椭圆形的。

火星侦察轨道器：NASA 于 2005 年发射的火星侦察卫星。

太空探测器：由地球发射到外太空，具有特定侦测任务的航天器。

气态巨行星：指距离太阳较远的 4 颗行星：木星、土星、天王星、海王星。

漫游车：人类发射到其他星球或其卫星表面进行考察的一种车辆。

重力：物体由于地球的吸引而受到的力，物体所受的重力大小与物体的质量成正比。

太空模拟装置：针对在太空中所遇到的特殊情况，帮助宇航员适应太空环境的模拟设备。

太阳能电池板：将太阳能转化为电能，能够为空间站和宇宙航行提供能量。

太阳系：以太阳为中心，由太阳和受太阳引力约束的天体组成的恒星系统。

真空：一种不存在任何物质的空间状态。外太空大部分都处于真空或几乎真空的情形下。

矮行星：又称"侏儒行星"，体积介于行星和小行星之间，围绕着恒星运转。

图片来源说明/images sources：
Archiv Tessloff：30左上，32左上，35右下（1984），38右上，ESA：1（CNES/ARIANESPACE Photo Optique Video CSG），19左上，23中右（DLR/FU/G.Neukuhm），30（Hg.-CNES/Arianespace），32（Hg.-D.Ducros），32中右（S.Corvaja），33右上（D.Ducros），33下（D.Ducros），38右上（Star City），39左下，40右上，42右上（D.Ducros），Gemini Observatory：11右，Getty：4左上，12（Hg.- C.Lehenaff），25左下（Stocktrek Images），27中（Cassini-Photo Researchers），28左下（Stocktrek Images），28右下（T.J.Abercrombie/National Geographic），34（Tereschkowa-Keystone），44右上（S.Hobbs/Stocktrek Images），44右上（V.Habbick Visions/SPL），45左上（Stocktrek Images），45下（Stocktrek Images），Hatch, Laurie：13左上，Istockphoto：2（Erde-janrysavy），18左上（janrysavy），Jankovoy, Anton：6/7（Hg.），Laska Grafix：46右上，47右上，NASA：2（Merkur, Mond, Sonne），3（3），4/5（Hg.），5下（2），6下，7右（ESA/Hubble），8/9（alle），10中（JPL-Caltech），10中，10下，11（Hg.-ESA/M.Livio/Hubble），12右上（L.Sromovsky, University of Wisconsin），12右（Messenger/JHU/APL），12右（VLT/ESA/G.Hüdepohl），12右下（Kepler/W.Stenzel），14（Hg.），14右上（J.Mottar），15（Hg.-PPARC/Jaxa），15右上（BBSO/NJT），15中（ESA/Soho），15右中（SDO/AJA），15下（Uni Freiburg），16上，16中右（Johns Hopkins University Applied Physics Laboratory/Carnegie Institution of Washington），16右上（Johns Hopkins University），16左下，17右上（S.Namazawa），17右（Pancakes/JPL），17右（Venus-JPL/RPIF/DLR），17下，18中，18/19（Hg.-JSC/W.L.Stefanonv），19中下，20上，20左下，20/21下，21右上（Goddard/Arizona State Univ.），21右下（JPL-Caltech），22/23（Hg.-JPL-Caltech），22右上（JPL），22中右（JPL），23右上（Viking Project），23右（JPL），24右（D.Peach），25上（4），25右下，26/27上（JPL），26/27下，27左下（JPL/Space Science Institute），27右（3），27右下，28右上（JPL/USGS），28右上（C.M.Handler），28中下（National Science Foundation），28/29（Hg.），29右上（JPL），31右（3），34（alle, außer Tereschkowa），35上（4），35右上（2），36/37，37上（3），39（Hg.），39右，40（Hg.），41右上，41中右，41左下（3），42下（JPL），43（6），44下，45右上（Les Bossinas/Lewis Research Center），48，Picture Alliance：29右下（JAXA），33中上（Infografik）；PD：12右上，37右下，RIA Novosti：2左，4中右，Shutterstock：12中右（A.McAulay），31左下（Shoosanne），38右下（Flaggen-USA/CN/FR：Route66，RU：wavebreakmedia, IN：I.Filimonov），46/47（Hg.-oriontrail），47中（A.Shumskiy），Thinkstock：21中（A.Hall），USGS Astrogeology：20中右，Virgin Galactic：35右下（Mark Greenberg），Wikipedia：5右上
封面图片：U1/U4：NASA
设计：independent Medien-Design

内 容 提 要

本书为孩子们带来一场深入宇宙的探险，首先将视野聚焦于我们的太阳系，然后延伸至广阔的宇宙，不仅介绍了太阳系各个星球的特征，也细致地为孩子们科普了各种航空航天技术。《德国少年儿童百科知识全书·珍藏版》是一套引进自德国的知名少儿科普读物，内容丰富、门类齐全，内容涉及自然、地理、动物、植物、天文、地质、科技、人文等多个学科领域。本书运用丰富而精美的图片、生动的实例和青少年能够理解的语言来解释复杂的科学现象，非常适合 7 岁以上的孩子阅读。全套图书系统地、全方位地介绍了各个门类的知识，书中体现出德国人严谨的逻辑思维方式，相信对拓宽孩子的知识视野将起到积极作用。

图书在版编目（CIP）数据

太空之旅 /（德）曼弗雷德·鲍尔著 ； 林碧清译
. -- 北京 ： 航空工业出版社，2021.10（2023.7 重印）
（德国少年儿童百科知识全书 ： 珍藏版）
ISBN 978-7-5165-2740-5

Ⅰ．①太… Ⅱ．①曼… ②林… Ⅲ．①宇宙一少儿读
物 Ⅳ．① P159-49

中国版本图书馆 CIP 数据核字（2021）第 196511 号

著作权合同登记号
图字 01-2021-4064

Planeten und Raumfahrt. Expedition ins All
By Dr. Manfred Baur
© 2013 TESSLOFF VERLAG, Nuremberg, Germany, www.tessloff.com
© 2021 Dolphin Media, Ltd., Wuhan, P.R. China
for this edition in the simplified Chinese language
本书中文简体字版权经德国 Tessloff 出版社授予海豚传媒股份有限
公司，由航空工业出版社独家出版发行。

太空之旅
Taikong Zhilv

航空工业出版社出版发行
（北京市朝阳区京顺路 5 号曙光大厦 C 座四层　100028）
发行部电话：010-85672663　010-85672683

鹤山雅图仕印刷有限公司印刷　　　　　全国各地新华书店经售
2021 年 10 月第 1 版　　　　　　　　2023 年 7 月第 5 次印刷
开本：889×1194　1/16　　　　　　　字数：50 千字
印张：3.5　　　　　　　　　　　　　定价：35.00 元

船的故事
从独木舟到远洋邮轮

飞机的秘密
人类飞行的梦想

火山探秘
来自地底的火焰

七大奇迹
上古时期的宝藏

汽车世界
精彩的汽车发展史

鲨鱼家族
海洋里的骑猛杀手

百变天气
阳光、风和暴雨

穿越大自然
探究与保护

鲸和海豚
海洋里的哺乳动物

恐龙王国
永远消失的地球霸主

矿物与岩石
闪闪发光的宝藏

爬行与两栖动物
鳄鱼、壁虎和巨蜥

大自然的力量
地球上惊人的威力

改变世界的电
高电压与超导体

各种各样的鱼
水下的奇妙世界

猫的家族
拥有柔软绒毛的极速猎手

奇境森林
动物和植物的天堂

忠诚的狗
四只爪子的朋友

浩瀚宇宙
宇宙的秘密

狼的故事
走进狼群揭秘狼的奥秘

蚂蚁和白蚁
了不起的建筑师

美丽的蝴蝶
色彩斑斓的自然精灵

蜜蜂和胡蜂
蜂群的勤劳与可怕的蜇针

潜水的魅力
潜入水下的迷人世界

古老的希腊文明
诸神、英雄和诗人

古罗马生活
古罗马的社会百态

欧洲风情
人口、国家和民族文化

骑士时代
城堡、比武大会和贵族女性

舞动的音符
走进音乐的奇妙世界

古老的城堡
中世纪的见证

熊的秘密生活
棕熊、大熊猫、北极熊

化石档案
生命的记述

奇妙的昆虫
六条腿的生存艺术家

极地世界
生活在冰雪王国

神秘的蜘蛛
丝线上的猎手

大象王国
温和的"巨人"

海底宝藏
沉没的宝藏
2023 NEW

海洋之谜
海洋研究与保护
2023 NEW

火星登陆
红色星球定居计划
2023 NEW

忙碌的农场
动物、植物和农业机械
2023 NEW

时尚魅影
时尚古与今
2023 NEW

全球气候
冰期和气候变化
2023 NEW